ポスト公共事業社会と自治体政策

五十嵐　敬喜

地方自治土曜講座ブックレットＮｏ．７８

はじめに

ただ今ご紹介いただきました五十嵐です。今日は「ポスト公共事業社会」について私の考えているところをお話しさせていただきます。

最近の日本の情勢は非常に急激です。特に小泉内閣が成立しまして物事が非常に急ピッチで進んでおります。さらに9月11日には米国同時多発テロがありまして、昨日からもうすでに国会が始まっております。そういう様子を見てますと非常に緊迫した状況にあります。

論理的に想定できること、あるいはしなければいけないことと、進展する現実との間に大きな落差がある。場合によったら日本が思わぬ方向にいくのかもしれないという感じもありますので、皆さんに、どういうふうに日本社会がなるのかを、場合によったらこうなるかもしれないということを、頭の中に喚起できるような方法で少しお話をさせていただきたいと思います。

従って今日は、学問的科学的な総括をするというよりは、最近の状況を入れながらビビッドに、しかも論争を醸し出すような方向で三時間使いたい。端的に言いまして「どういうふうに考えたらいいのだろうか」という方法論を共有したいのです。

何でそんなことを言うのかといいますと、最近の財政あるいはマーケットを見てますと、財政的には自治体も国もいつ倒産してもおかしくないという状況があるということです。これをかつてのように上部構造と下部構造にわけて、下部構造の歪み、すなわち経済や財政の破綻が、政治にはね返る、そうすると、政治のレヴェルでは極端なインフレをおこすとか、あるいは戦争によって、目くらましをしようとする。こういう状況をつくりだすためには憲法改正をしなければならない。こうして憲法改正が出てくる。戒厳令的な時代状況的なこともひょっとしたらあるのかもしれないとこうなると、落ち着いて物事を考えてじっくり構築するということをはるかに超えた状況にあるんじゃないかということを感じるからであります。

8月にちょっと外国へ行っておりまして、帰ってきたのが9月の初めですが、外国にいた時には想像もできないような事が日本に起きております。これは市町村の行く末にもダイレクトに関わるかもしれないと思うものですから、そういうふうな事を前提にしてお話をしたいと思います。

I　小泉改革

１　小泉改革を困難にする理由

まず小泉内閣についてどう思うかというところからお話をさせていただきます。

平成１３年４月に小泉内閣が成立しまして、成立当初はご承知の通り８０％を超える大きな支持を集めましたし、参議院選挙でもそのように支持を集めて、全体として自分の政策に反対する人を封じて自民党が大勝したというのが今の状況だろうと思います。

こういう現象は東京都にも見られます。石原慎太郎という方は非常に強いカリスマ性を持っております。と同じように長野県にも田中康夫さんがおりまして、個性的なカリスマ性を持っていて、支持率８０％とか、調査によっては９０％という事もあるんですが、そのくらい圧倒的な支持を集めております。

これ自体が政治学的にいうと非常に特異な現象でして、いろいろ評価があると思うんですが、そういう現象がつい最近までありました。

しかし長野の田中さんについてはその支持率がどんどん急落しておりますし、小泉さんについても世論調査の上ではまだ７０％だと聞いておりますが、政策実行可能性については赤信号が灯っております。

多分今週か来月か、アメリカの危機がありましたからいろいろ情報が混線しますので、正確にはよく分りませんが、小泉さんが唱えているような政策はほとんど実行できないだろうというふうに言われております。内部的要因と外部的要因があります。

一　内部的要因

①　自民党内守旧派

内部的な要因からいきますと、一番分りやすく言うためにちょっとレッテルを貼って話させていただきますが、守旧派の人たちが選挙のあと力を持ってきているという事です。一番典型的なのが小泉さんの政策で言いますと郵政については民営化すると言っているにもかかわらず、郵政族と言われております高祖議員などを中心とする、郵政民営化に大反対の人が当選してくるという事ですから、矛盾したパラドクシカルな構造の上に彼がいる。全体的に見ると彼は客観的には、国民の間では非常に人気は高いですが、国会では少数小泉派という事がよりはっきりしてきたということです。

② 変わっていない官僚組織

それから官僚組織が全く変わっておりません。これは二つのところに現れております。一つは今年の8月末に概算要求というのを行いましたが、その概算要求を見ますと、小泉さんの政策は全く反映されておりませんでした。私自身は公共事業を主として勉強しておりましたので、公共事業を中心に言いますと、小泉さんの政策は、2002年度は一般会計で10%削減が閣議決定をしたぐらいの強力な公約になっているにもかかわらず、今回の概算要求レベルでみますと対前年度比同じ額で請求が出ております。

これはあまり大きく取り上げられてないのですが、公共事業についてみますと、現在は単に量を縮減するというだけでなく質の転換を求められていると思いますが、河川とか道路とか空港とか都市再生とか、いろいろ項目のシェア率を見ますと、「都市再生」は小泉政権の目玉商品でありますがそこは0・何%増えたものの、道路や河川やその他のシェアは全く同じです。ほとんど変わりません。つまりシェアを全く同じにして前年度と同じものを概算要求で出してくる。これが官僚でありまして、この体質は隅々まで徹底しており、絶対に変わらない。

③ 言うことをきかない自治体

同じように自治体もそうです。これに合わせまして東京周辺で２０００年から地方分権や公共事業改革の中で自治体がどのように変わっているかを見ましたところ、これまた１００％変わっておりません。政策転換で著名な御三家といわれる知事たちのあいも変わらない東京霞ヶ関への陳情風景を見ると、全て変わらないという実感が強く湧いてきます。

道路も鉄道も空港も何とかという形でどんどん出てきておりました。実際官僚あるいは自治体職員も含めて行っている事は国民の期待とは物凄く落差があるという感じがありました。これは第2番目の勢力です。

小泉さんは極めて大きな反対勢力を自分の内部に抱えている。一つは自分達の所属する党そのもの、もう一つは自分が総理大臣で一番トップにあり、自分の部下である官僚が全くいうことを聞いてません。自治体もいうことを聞かないという状況です。

二　外部的要因

外部状況をみると、何といっても極めて厳しい経済状況がありまして、財政改革がほとんど絶望視されている。小泉内閣のスタート時には、「今回こそ補正予算を組まない」と言ってたんですが、もう今国会で補正予算は必至と言われておりますし、２００２年度の国債発行についても、３０兆円しか出さないと言ってたのがこれもほとんど危ないのです。

株価が1万円を割っておりまして、マーケットのこれに関する風当たりも非常に強くて、この関係でも、実行できないのではないかということがあります。多分来週か来月後あたりぐらいから週刊誌やテレビの報道も、まあちょっとテロ事件の報道が大きいものですから、小泉さんの扱いは小さくなると思いますが、「小泉限界説」がどんどん出てくるのではないかと思われます。

2　現状に対する「私の立場」　―政策型思考の必要性―

ただしかし、もう一つ大きな問題があります。

それでは、小泉さんがダメだとすればどうすればいいのかということになりますと、多分どこを探しても答えはないということです。自民党の内部で国民の期待に応えられるような人というのは本当にいるのだろうかという疑問もあります。あるいは政権交代はどうか。衆議院選挙でもやってもう一度何かすれば国民に応える新しい政党のリーダーが生まれるかというと、そうでもないという感じもありまして、みんなイライラ小泉批判をしているのは分りますが、しかし代案を全く持たない。日本国全体で持ってない。あるいは遠い将来はあるかもしれないけれども、とにかく明日、明後日どうするかというレベルで話してみると、例えば衆議院を解散してもう一回新しい組閣をして、ということでは経済状況はほとんどもう間に合わないなというぐらいののっぴきならないところにきています、大きなレベルでの代替案も出しにくいという状況になっている。

だから国民も瞬間湯沸かし機のようにある時は小泉氏、ある時は田中氏、ある時は石原知事となってくるわけですね。しかしよく考えてみると、この人たちは全く違う政策思想を持っている人達なんですが、にもかかわらず瞬間的には田中さんを支持する人が小泉さんを支持する、田中さんを支持する人が石原さんを支持するというように、強い精神的リーダーを求めつつ、次々と「使い捨てする」という感覚になってきた。そしてだんだんカードをめくっているうちに、もう先がない、どうも崖っぷちにきたという感じがします。

小泉政権がもし崩壊したら、たぶん自民党も崩壊するだろう。自民党が崩壊するということは民主党以下野党も崩壊する。つまりガラガラポンの時代になってくる。

ガラガラポンで、新しい政治スタイルが見える前にもう、日本は崩壊してしまう。そう思えるぐらいのところにきていて、小泉政権がいいか悪いかは別にして、「最後の政権」というのが私の認識です。

私たち市民の方法

私たち市民はどうしたらいいか、私は、本当は学者ではありませんで市民として勉強しているうちに大学でたまたま教えることになっただけですが、我々はどうしたらいいかとなると、これは非常に難しい。

私自身は、法政大学の松下名誉教授の信奉者でありまして、松下圭一先生の言われる「政策型思考」をやらなければいけないと思ってまして、ただちに「小泉政権打倒」でもありませんし、「小泉無条件信奉」でもありません。

しかし、小泉さんのやろうとしている今から申し上げる改革については、私は政策的に一致すると思いますので、プラグマティックにそういった改革を推進する立場に私は立ちたいと思っています。

ここがまた非常に悩ましい分岐点なのです。どういう分岐点かと言いますと、「市民」として支持することと「学者」として発言することと、発言するだけではなくてさらに「政策過程に入る」ということには少しづつズレがあります。

ここの部分で私は少し批判を受けているのです。「あまりにも脳天気に小泉を支持し過ぎている」、「もうちょっと小泉さんについては警戒心を持たなくてはいけない」ということを言われておりまして、「お前もそろそろ御用学者になりかかっているのじゃないか」という批判がだいぶきております。

それはどこからくるかと言いますと、これはもう率直に申上げまして小泉さんの靖国神社参拝の問題が一つ。それから今後アメリカとの関係で「集団的自衛権」とか「首相公選制」はどうなるか分りませんが、昔の基準でいうと、どちらかといえば率直に言って右的な匂いのするところも小泉さんにはあります。しかし、これも「あれはあっち」、「これはこっち」と分けて議論しないといけない。右派だから全部駄目と言ってしまうと、他に代案がすぐ見つかればいいですが、さっき言ったような関係で、どうも他の人も他の政党もなかなかいないし、仮にいたとしても、このような危機的状況で間に合うかどうかというと、ほとんど間に合わないだろうと思っているのです。そういうことを考えながら、日常的にはやはりプラグマティックに対応するしかないのではないかと思っております。

ただこれがとても評判が悪い。とくに自然保護だとか、公共事業反対だとか、原発反対だとか、消費者運動だとかをやっているＮＧＯからは「五十嵐は御用学者になりつつある、堕落しつつある」と言われておりまして、非常に評判が悪いのです。しかし、ここは「政策型思考」で少しメリハリをつけて頑張らなくてはいけない。

つまり、あまりバサッと外側から切らないで、今日の議論に入っていただければというのが私の願いです。これからが本題です。私の立場はプラグマティックに政策型思考をしたいということです。

3　公共事業改革

小泉改革を公共事業関連で検証しますと非常に明快なコンセプトが出て参ります。

公共事業に関しましては大きな二つの流れがあります。岩波新書で「公共事業は止まるか」を書いておりますので、読んでいただければありがたいのですが、２０００年に入ってから二つの大きな潮流が出て参りました。

一　住民投票運動の高揚

①　住民投票

一つは吉野川河口堰に対する住民投票を初めとする住民運動の高揚というのが確実にあります。原発、プルトニウム、その他もろもろの大きな国家事業をやる時に、北海道でも多分そうだと思いますが、ほとんど住民投票の洗礼をあびないと駄目だし、住民投票の洗礼をあびたら国の思うようにはなかなかならないということを２０００年の１月に、吉野川の住民投票が天下に示しました。これは大きな潮流です。

②　住民をバックにした知事の登場

これを引き継ぎまして、今度は住民が県知事や県議会、あるいは市町村や市議会と対決して住民投票をするというのではなく、住民の意向をはっきり公約に掲げて知事選なり市長選に立って当選するという事態が出て参りました。

その先鞭が長野県の田中康夫知事でして、これは画期的なことです。

特に画期的だと私が思っているのは、個人が住民運動をバックにして既成政党と対決するという構図です。ほとんどのところが知事選レベルになりますと既成政党の自民党、民主党がみんなぐるになりまして一緒になるわけです。

長野県もそうでした。栃木県も千葉県もそうでしたが、そういう既成政党連合軍を押し破って、既成政党連合軍というのは労組もそうだし業界もそうで、全部つながって一枚岩になっているような、普通の票読みをしたら80対20ぐらいで全く勝ち目がないぐらいのところを押し破って田中知事が、しかも、「公共事業」を見直すことを公約して当選した。

これは吉野川住民運動以来の市民運動の高揚をリレーしているのだと思います。これが栃木県に飛び火しまして千葉県までどうにか生き長らえています。

ただこの辺はますます複雑になってくるのですが、この間静岡県でかなりの大差で敗北しました。静岡空港の建設の是非ということで住民運動も高揚しているところですが、これは県知事現職側が静岡空港を推進するという立場に立ちまして、住民運動は敗北してます。

吉野川住民の河口堰で住民が勝った徳島県で、徳島県知事選が今行われておりまして、どうも河口堰の住民投票をやったグループが推している候補者が勝利しそうもない。現職の知事として吉野川河口堰を推進した現職知事がかなり勝つのではないかということで、少し陰りが見えている。しかし、いずれにしても住民が頑張れば、かなり強固な体制を相手にしてでも勝てるという状況がでてきたというのが大きな流れだろうと思っております。

③「亀井改革」―公共事業不倒神話の終焉―

その反対側で、実は政府側の亀裂が2000年にはみられました。その典型が8月の亀井静香元建設大臣の当時は政調会長でしたが、「亀井改革」というものです。

亀井さんは本来は公共事業推進論者です。おそらく自民党内でもかなり強硬な公共事業推進論者で、ミスター公共事業と言われているぐらいの人ですが、2000年7月の衆議院選挙をやる中で彼なりに総括して、このまま目茶苦茶公共事業を言ってはもう票は入らないということを認識しまして、最初230、後ちょっと調整しまして270ぐらいの公共事業を中止させました。

これは亀井さんのキャラクターというのもありましてあまり高く評価されていないのですが、私は92年から公共事業を見ているのですが、特に長良川とか諫早湾とかでゲートが閉められている状況を体験した者からすると、革命的なことです。

あれを見た時に私は、一度計画された公共事業は絶対に倒れないという「公共事業不倒神話」をまざまざと実感したのですが、それが北海道の「時のアセスメント」で一度倒れ、さらに政府権力者によって倒されるというのを見て、公共事業の質的転換が始まるというのを見ました。亀井改革はそういう意味で、「ポスト公共事業社会」にたどり着くまでの間の画期的な事件だったと思っております。

一応、住民、知事、亀井さんというレベルで公共事業の改革、不倒神話の崩壊、不倒神話の終焉が2000年段階で築き上げられた。

その延長上に小泉さんがありまして、小泉さんは、公共事業についてさらにポスト公共事業社会の一歩手前まで来ているのではないかと思います。

ただ小泉さんの政策を見る時に非常に奇妙なことがありまして、小泉さんというのは本当に分って言っているのかなあと思うところもしばしばあります。

生理的直感で言ったことが連鎖反応で動いているようなムードがありまして、本当に分っているかどうか分りませんが、いろいろ小泉さんが言ったり、あるいは石原伸晃さんが言ったり、あるいは扇千景さんが反対したり賛成したり、なかなか燻銀のような塩じいさん、こと塩川財務大臣、この人達が言ったりすると、誰か仕掛人がいて、連続演出しているのか、たまたま直観的に言っていることがそのままある種の全体性を持った構図として出てきているのか、それはよく分りませんが、どうも、何となくふわふわと言いながら、言っているうちに何か骨格が見えてきたというのが真相のようです。

とにかく、あっちこっちに何か適当に言っているうちに何となく全体的な公共事業に関するある種の改革シナリオが浮かんできたというのが真相ではないかと思います。

二　システム改革のはじまり

①「個別事業改革」から「システム改革」へ

小泉改革の特徴は「システム改革」にある。これは従前の改革と質的な差があると私は見てます。それは「時のアセスメント」にしろ「吉野川住民投票」、「田中知事の脱ダム宣言」あるいは「亀井改革」にしろ、全て個別事業がターゲットでした。ダムを止めるかどうか、士幌高原道路について止めるかどうか、干拓について止めるかどうか、空港について止めるかどうか、個別事業にターゲットを当てた。そしてターゲットの当て方として、例えば5年前に計画されたけれども5年経っても事業に着手されていないものとか、事業は継続しているんだけれども10年経っても完成しないもの、一応ある基準を定めてターゲットを当てているんですが、いずれにしても現象として出てくるのはこの事業を「止めるか止めないか」という形で報道されました。これを「個別事業改革」といたしますと、小泉さんのは全く違いまして「システムの改革」というものです。

ここから、分る人と分らない人が非常に明確になってきまして、小泉改革に対する評価も非常に抽象的になってきてしまっている。個別事業改革の時には現実に工事を止めるかどうかということですから、非常によく見えるわけです。ああ長崎県知事はまだ反対しているとか、県民がストライキした、農水大臣が霞ヶ関でワーワーやっているとか、絵がありまして、勝つか負けるかとなるんです。しかし、「システム改革」は全く具体的な敵が出てこない。しかし考えて見ると全部が敵だというようなことをシステム改革と言っておりまして、20世紀の最後に「個別事業改革」が始まり、２１世紀初めに「システム改革」があって、これが非常に鮮やかな対照になっている。

しかも質的に公共事業改革を一歩進めるというふうになっているというのが私の理解です。多分これを進めますと自民党は潰れます。自民党が潰れると多分日本も潰れるのではないか、そのとば口にきているもんだから、彼らも非常に慎重に、抵抗勢力もそんなに諫早湾の干拓事業を止めようとか、北海道の何とかダムを止めようとかいうぐらいだったら、官僚も仕様がないということがあるんでしょうが、システム改革になったら彼らの命も危ないですから、そういう意味では本質的な抵抗が始まるだろうと私は思っております。

だから、まず第一の論法は「個別事業改革」から「システム改革」に移ったということをまず理解してください。

②　システム改革とは

では、どういうことを「システム改革」と言うかということです。このシステム改革というのは公共事業のある種のシステムを理解しなければ理解できない話なんです。

財務省の見積もりを見ますと、来年も国債を33兆円発行しなければいけないということです。従来彼らが仕えてきた小渕、森政権では「景気対策」か「財政規律」かという命題を出しまして、財政規律のためにこそ景気対策をしなくてはいけない、つまり景気を回復して税収を上げることによって財政を立て直すんだということで、国債を発行しました。

小渕政権は100兆円を超える国債が上積みされていますが、森政権は何にもそれを修正しなかった。小泉さんは、ふと、ここが問題なんですが、どうもこのままいくと非常に具合が悪い、国債をこのまま発行し続けていると具合が悪い。実は公共事業をやってもやっても全く景気が回復しないのは、むしろこれが麻薬のようになっているのではないか。薬と思って出しているのが、それは逆に毒だった。きっと公共事業を含めた改革をして、国債を発行するのを止めないと駄目だと考えた。しかし全部止めたら日本経済が失速してしまいますから、33兆円のうちとりあえず3兆円を削るということを小泉さんが言い出す。これを彼は直感で言ったと思いますが、ここからが公共事業改革の始まりです。

山崎幹事長がそれを引き継ぎまして、3兆円を削るという。人件費や軍事費、あるいは福祉費用は下げられない。借金の返済もどうしようもない。政策経費で見ていくと、一番無駄なのは公共事業だから、3兆円を公共事業費から削るということを発表して、そこから「聖域」をあけ始めた。

社会保障はもちろん今の予算でいきますと増える方向でありますし、軍事費というものもアフガンとかいうことがあるもんですから今の政権では削るとは言いにくい。教育についても失業対策も含めましていろいろ問題がありまして、削るわけにはいかない。そうすると必然的に公共事業を3兆円削るということになり、ここから火を噴いたわけです。

3兆円をどうやって削るかということを考えますと、やはり無駄なところから削るしかないわけで、何が無駄か、いろんなことが言われるようになった。これは並べますと、まさにどこからどうでてきたか分らないようになっているんですが、整理して発言順に並べていくと、まるで誰かが演出したんじゃないかと思えるくらいきれいにでそろってくる。「システム改革」とジャストミートしているという感じがします。

三　公共事業改革のシナリオ

まず第一番目に総量規制です。塩川さんがどこかでヒョロッと言って、国会でつつかれて、何となく小泉政権の政策みたいになっちゃった。二番目が２００２年度予算、今ちょうど概算要求です。三番目が道路特定財源、四番目が地方税、地方交付税、補助金改革です。五番目が特殊法人改革、六番目が長期計画、七番目が全国総合開発計画の修正、こうズラズラと一挙にならんでラインアップしてきているというのが今の状態です。実は、これがまさに公共事業のシステムですね。順番で説明します。

順不同です。さっきも言いましたように、要するに濃淡、スピードはいろいろありますが、システムについて全部ターゲットは出そろっている。

①　総量規制

まず総量規制です。

簡単に大きく言いますと、１９９９年から第五次全国総合開発計画が始まった。そこでは約１５年間の内に、筆頭は「首都移転」、それから「整備新幹線」などを骨格にして、千数百兆円の公共事業をプログラムした。それを年単位にしますと、一般会計で８兆４千か５千億、約１０兆円と思ってください。

それから旧来の財政投融資というのがありまして、これは定義にもよるのですが約30兆から40兆円ぐらいありまして、合計で40兆円から50兆円の費用が公共事業として使われてきました。

今からいう数字は最大限大きくとってます。行政投資とかいろんな言葉の定義によって公共事業の費用は変わるのですがとにかく、およそ公共事業で40兆円から50兆円です。

これを客観的に数字で表してみますと、日本のGDPが500兆円ですから、40兆円というのは、GDP比で8%を1年に公共事業費として使うということです。

世界各国を見ますと公共事業費はどこでもほぼ2%以下になってきました。アメリカもイギリスもドイツもほぼ2%以下です。日本の公共事業の特性というのはアメリカやイギリスやフランスやドイツやイタリアを含めた先進諸国のトータルの公共事業よりもまだ使っている。全部集めたよりもなお高いし、多分GDP比率でも3倍から4倍は使っているというのが今の実態です。まさに土建国家にふさわしいものです。

多分、官僚が吹き込んだかしたのでしょうが、塩川さんが、総量規制として、2001年から2010年までの間に公共事業費をGDP比2%にするということを発言したんです。

これは、旧西ドイツ並みの公共事業に落とすということでして、いわば先進資本主義国と同じレベルにするということを述べただけなんですが、実はこれは極めて破壊力を持った数字なんです。マスコミの方々はなかなか理解しないのですが、非常に破壊力があって、これが閣議決定されたら大変になる。要するにどういうことかと言いますと、今の8%を2%ぐらいにするということですから、公共事業を4分の3、あるいは3分の2削るというぐらいの政策になるわけです。

公共事業に関わる企業が日本ではだいたい66万社。直接従事する労働者が660万人です。全生産高の約10%を公共事業で占めておりまして、その4分の3とか3分の2削るということになりますと、民間の事業もありますから公共事業の削減がただちに比例するわけではありませんが、仮に660万人の人達を4分の3か3分の2にするということは400万人の人達が仕事を失うということになります。だからもう破壊的です。

とりわけ日本の政治はゼネコンと一緒になっておりますし、北海道の方などはともかく地域経済などで建設ゼネコンが占めている割合が非常に大きい。これがパニックを起こし、地域がパニックを起こす。

だから、他の野党だって絶対に言えないことをスマートにGDPの2%、つまり旧西ドイツ並みにしますと言った。これが法律にされたら破壊的な現象が起きる。

因みに、不良債権が問題になってますが、今、各シンクタンクとか政府の出している失業の予測をみると、政府は一番小さく見積もって不良債権の処理だけで10何万人の失業と言ってます。民間の三菱総研とか野村総研などはだいたい100万人単位で言っているのですが、この状態にこれが加わったら何百万単位の人達が失業する。ということを小泉さんは言い始めた。これが「総量規制」です。

私は民主党にアドバイスしておりまして、公共事業のトータルな費用は5年間で3割にするということを選挙公約で打ち出してもらっているのですが、それよりもはるかにこちらの方が衝撃力があるなという感じが実はしました。

これは私どもの方が負けております。少なくともドラスティックな政策です。ただ、GDPの2%という説明なので何となくみんなぼやっとして聞き逃してしまったということです。

② 予算の10%削減

2番目は2002年の予算を10%削減するということを言っております。官僚は概算要求の段階では今のところ一切減らしておりません。これから財務省、多分これは最近の予算を巡る政治利権が変わっておりまして、普通は財務省がやるのですが、どうも行革推進の事務局あるいは内閣府の中に設けられている経済財政諮問会議が、いわば小泉さんのトップ政策なもんですから削れと言っている。10％削るということが公約で今年の12月までの間に攻防戦が始まります。

これも見ててください。これも先程の総量規制の延長です。ここにいる皆さん市町村の職員の方、道の人なんかはよく分ると思いますが、実際に軒並み一律10％削減すると、今まで100億円だったのが90億円になっちゃうわけですが、これはどういう意味かということは担当者ならよく分ります。担当者でないと、大したことないなと思うかもしれませんが、実は非常に大変です。数年前、橋本内閣の時に、これと同じような方式で財政構造改革というのをやろうとしまして、その時、対前年度比で7％公共事業を削減するという方針を出したことがあります。10％というのはそれを上回っています。

公共事業というのはほとんどが継続事業でありまして、一般的に言うと7％削減されただけでも新規事業はなかなか起こしにくいというふうに言われたぐらいの数字です。今回10％というのは、それを上回っておりまして、多分新規事業ができないだけではなくて、継続している事業もカットされるということになるのではないかという数字です。

ただ、官僚の方は絶対のむことができない。非常に強い抵抗がある。やれるかどうかが12月の攻防戦になりまして、ここで後で申上げます「自治体の役割」が非常に大きくなってくると思います。

地方分権とか市町村の自立とか、自己決定とか、政策評価など、市町村会から発行されているブックレットにもたくさん書いてありますが、予算の内幕を見ますと、またまた官僚と地方自治体の既得権益を侵すかもしれないということがどんどん出てくるのではないか。小泉さんは霞ヶ関の官僚だけじゃなくて、自治体とも対立することになる。１０％というのは非常にシリアスな攻防戦になってくるだろうと思います。

これはもう新規事業が全くできないぐらいの数字ですよということをマスコミは報道しないものですから、何となくフワッとしていますが、これはショートレンジで見ると、大変なことだということが分かると思います。皆さん覚えていられますね。3年前に「橋本こそ今の不況を招来した大悪人である、その大もとは財政構造改革で、景気対策よりも財政構造改革でいったものだから、駄目になったんだ」と言われた。小泉さんはそれを上回ることをやろうとしている。橋本さんの時は7％、今回は１０％ですから。

これは「総量規制」と「予算の１０％削減」で、野党なんかもとても及びの付かないような破天荒な総理だということが分っていただけると思います。

③　道路特定財源の見直し

「道路特定財源の見直し」についてはだいぶ新聞等でも報道されているのでお分りだと思いますが、これもなかなか厄介です。

端的に言いますと、合計6兆円で、そのうちの2兆円ぐらいが地方自治体に入って、後の4兆円が道路を建設するためにだけ使われる特定財源です。

これを作ったのは田中角栄さんです。彼は越後出身でして、北海道と同じように雪の中に半年埋もれてしまいますから、非常にハンディキャップがある。だから日本列島を改造して、越後の方にも光を注がなくてはいけないということで、道路を造りましょう、空港を造りましょうといって「日本列島改造論」を書いたのです。

当時、1945年から55、60年ぐらいまで、日本は戦災復興の時ですから、道路に使える財源がないので、道路整備は全く進まない。そこで彼は、誰が知恵を付けたのか分りませんが、道路を使う人から特別にお金をとって道路を造るという道路特定財源をつくり出す。そういうふうにやれば、一般税収に関係なくできるからいいじゃないかというのが発端です。これが道路を中心に合計で6兆円の税収を上げるようになった。しかし、これも考えると北海道が一番典型だと思いますが、一体いつまで道路を造り続ければいいのか。悪循環ですね、道路を造ると税収があり、税収があると道路にしか使わない。官僚というのは何も考えないでオートマティックに税収があるとまた道路を造るという、自己回転を続ける。どこまでやればいいんだろうか。

日本は可住面積で見ますと、世界最大の道路国でして、国土の面積でいくともちろんまだ少ないのですが、人が住んでいるところでは世界で断突道路の国です。これ以上本当に道路を造っていいのだろうかというのが一つあります。

それから、道路公団は、とにかく20何兆円の借金を背負っていて、天下りだし、独占的だし、非常に評判が悪い。これをこのままにしていていいのだろうかということを考えると、これを一般会計に組み入れた方がもっと有効に使えるのではないか。これは小泉さんの発言ですが、「道路特定財源を見直したい」というふうに言いました。

これは田中角栄さん以来の公共事業の最終の懸念でして、これに対して橋本派を含めて道路族官僚が反発をするという状態です。

面白いのは、地方自治体で賛成したのはただ一人神奈川県知事でありまして、他の都道府県は、長野県の田中康夫さんまで含めましてすべて「道路特定財源見直し反対」です。

次に市町村を見ますと、どうも国土交通省を中心にどんどん請願を出して、どんどん決議をとっている。私も宮崎県で見た限りではすべての市町村が道路特定財源見直し反対です。つまりこれ一つを出すことによって、大袈裟にいえば、大多数の自治体を敵に回すということに手を付け始めているということです。

比較的進歩的といわれた自治体、具体的に言いますと三重県、宮城県、高知県などというのはだいたい皆さん知事の顔が浮かんでくると思いますが、これもことごとく道路特定財源見直し反対でして、今までは守旧派の動きに対して今言ったような県知事たちは反対というイメージなんですが、小泉さんが道路特定財源に踏み込むことで、いわば守旧派の構造が全然変わってきてしまった。私どもの方から見ると自治体の方が明らかに守旧派に回っているというような感じがします。

「道路特定財源見直し」は、私自身は、いい改革だと思うんですが、全国自治体を敵に回すことになります。今まで公共事業というのは全国自治体を味方に付けてやるものだったのですが、「システム改革」になりますと、全国自治体を敵に回してでもやることになります。これこそ「虎の尾」といいますか、踏んで「わあっ」と何かが動きだすかもしれない、そこに手を付け始めているということです。

2002年度予算では、これをいきなりはやりにくいので、三種類に分けている。「今のままでいい」というのと、「道路特定の特定の解釈をちょっと広げて、道路を造るだけではなくて道路に関連する都市サービスとか道路から発生する公害への対策費といったことに使う」と、三つ目は「一般税に追い込んで都市再生とか環境対策などに使う」ということのようです。来年以降は長期計画の見直しと関係しますが、道路特定財源をとにかく一般財源化するかどうかの大決戦場があるということです。

実は道路をいじりますといろんな政策システムが動いてきます。

四　道路建設の永久循環を支える二つの制度

道路を造るために税金を取る、税金を取ると道路しか造れないのでまた道路を造るという永久循環を支える制度は二つあります。「道路公団」と「長期計画」です。

① 道路特定財源の見直し

特定財源の「見直し」はこの二つにダイレクトに影響します。

道路を造る本体として道路公団があって、この組織をどうするかということがある。先程言いました第一二次道路整備計画の中に、道路を「1万4千キロ」造るというのがあるものですから、道路公団は今7千キロぐらい造っていて、残り7千キロを造るために道路公団は不可欠であるという。しかし残りの7千キロをすべて造るのかということと道路公団のあり方をめぐってこの構造をどうするかということが道路財源の見直しと共に出てきました。

ちなみに、道路というのは年間で10兆円をこす公共事業の王様です。それから16ある中長期公共事業に関する中長期計画も王様でして、この計画で78兆円使う。78兆円と簡単に言いますが、国家の財政が80兆円強だから道路だけで5年間で国家の財源全部ぐらい使うという構造になっておりまして、非常に巨大なものです。

「道路特定財源見直し」ということは、道路公団の在り方が今のままでいいかどうかということと、長期計画の1万4千キロの道路計画がいいかどうかについて踏み込まざるを得ないということとです。

これをよく考えて言っているのかどうか分りませんが、「道路公団」についても「長期計画」についてもだんだん話が膨らんできております。たまたまといいますか、石原行革大臣が８８の特殊法人と認可法人に取り組んでいる最中でありまして、道路特定財源と道路公団もそちらの方でクロスをしまして、いま行政改革の目玉商品に特殊法人改革がなりそうだということでして、これは現実的に連動してきます。

② 特殊法人の廃止

特殊法人は中曾根さんの土光臨調以来ずっと宿題になっていて、過去に大きく二回ピークがあったと思います。今回が三回目です。一回目は「土光臨調」でして、国鉄を解体してＪＲにしました。第二回目は橋本さんの時の行政改革でして、これでいくつかの住宅公団を住宅整備公団にくっつけたりなんかした。

特殊法人というのは非常に不思議な組織でして、公共事業関連だけで見ましても世界に冠たる不思議なシステムです。いわば国家事業としてやりにくいものを、当初は事業の「継続性」とか

「専門性」とか、あるいは全体的にメリハリを作るために特殊法人を作っていった。これは一定の間だけという暫定措置がありまして、暫定5年というイメージであったのですが、永久継続法になってしまっている。

いままで道路公団をはじめとする組織の抵抗が強かったのですが、もうどうにもならない。小泉改革はいいチャンスだと思います。その理由の一つは借金が莫大である。「隠れ借金」と言われているものです。これは今、日本の財政を語る時、この特殊法人の借金を入れますと極めて恐ろしい数字になります。

平成12年の総務省が発行している「特殊法人要覧」という資料集の貸借対照表にもとづきまして、固定負債を全部あげていきますと、約300兆円の借金があります。これが「隠れ借金」でありまして、666+300兆円が日本の借金であります。

もうひとつ決定的なのは、今、小泉さんは30兆円の国債を削るかどうかで大騒ぎをしていますけれども、今後もずっと30兆円も出し続けなければいけないということがむしろ大問題なのです。今の国の予算は80兆円ですが、そのうち税収は50兆円しかないんです。財政学者、マスコミは頑張ってほしいのですが、税収が50兆円しかないのに毎年80兆円を使ったら30兆円は赤字になるんです。財務省の計算では、成長率3%が何年も続くとかよほどのことがない限り、今後相当な長期間にわたって、この差が続く。つまり80兆円に税収50兆円しかないというのがズッーと続くんです。

いつの間にか借金が肥大化しまして、これは、だれもどうしようもない。僕といつも一緒に仕事をしている小川さんという経済に非常に強い人が、「だれが総理大臣でもできないな」と言っています。日本は完全に破産するというところまで来ていますので、小泉さんがいよいよ特殊法人に手を付けた。

そもそも1千数百兆円を前提とした五全総、それが道路あるいは治山治水、下水道、あるいは港湾、あるいは都市開発とか16本の中長期計画につながるんですが、本当にこんなことでいいのだろうかということを言わざるを得ない。

たまたま16本の中長期計画のうち、2002年は7本ぐらいが五年ごとの改定期なんです。塩川さんはこれを改革しないととても日本の道路公団一つ解決できないし、道路特定財源も解決できないということがわかりました。彼も「中長期見直し」と、おとぼけ調で言うものだから、活字にはなっているのですが、実感が伴わない。これはそういう意味ではまさに戦後の構造そのものを変える。ここに手を付けたら借金も全部白日にさらされ、日本国家がとても持たないということが天下に明らかになる。

具体的に言うと、国債が全く売れない。だから利息をたくさんあげていく。国債も値上がりになってきている。これからクラッシュが始まる。どういうクラッシュが始まるかというと、国債を誰も買う人がいなくなります。だから日銀に買わせる。財務省で発行して日銀が買う。つまりぐるぐる回っているだけだということになるということです。それをマスコミもまだ報道してませんが、正確に言い当てているのが格付け会社というところです。

この人達が恐ろしいことを言い始めました。一つは特殊法人について格付けを始めました。道路公団は道路特定債券を発行する、これは国債並みということですが、官と運命共同体ですね。国債と道路公団が発行する債券は同じように扱う。道路公団は倒産か民営化が必至というのがこの人たちの意見です。

水資源開発公団は評価なし、付けようがない。民営化の対象にならない。倒産させるにしてもどうしたらいいか分からない。例えば、本四架橋の三本の橋はどうするか、このままでは利息も支払えないんで借金がどんどん膨れ、こんなもの買う企業はないでしょう、売るにしても広告塔にしかならない。それも1000億円程度だと言われているのです。さらに言えばそれもしかもその1000億円は、河岸の両脇の町が一生懸命町づくりを行うということが前提だという。町づくりをしてくれることを前提にして1000億円で仕方がないというようなことが言われているわけですが、それぐらいにしかもう評価されないということになってきているということです。

ご承知のとおりムーディーズは国債の格付けを最近相次いで発表しました。もう一度ランクを下げるということです。当初ムーディーズは日本はアメリカについで2番目の超大国だと言っていた。これは数年前です。その後格を下げると言った時に、G7の中の一番下イタリアぐらいと言ってたんです。ところがさらに格下げされて日本はもっと下、ポルトガル以下です。もちろんイタリア、カナダ以下で、もっと下です。実際そういう評価に国債がなり始めたということです。

これは、特殊法人改革案、道路公団の組織をどうするかというよりも、そういう日本の構造に直接触れるものです。何とか秘匿しておきたいものだったのですが、小泉さんは意図的か知らずにか、あるいはムードによってか分かりませんが、私から見ると結果的に日本国家というものを狙い撃ちするようなことになってしまった。今道路だけでお話ししましたが、ダムや鉄道とか、あるいは空港も全部そういうものです。

こういう目で見ると地方空港は無駄の典型です。さすがに国土庁もこのままではどうしようもないと、扇さんがもうほとんど公共事業を潰しますと、500幾つか潰すと言ってますし、特に地方の港湾とか空港とか、まだ着手されていない事業は軒並み中止になるだろうというふうに言われておりまして、表面的な小泉さんの一つ一つの発言が実はいろんなものを根底から揺さぶり始めているということです。

③　地方交付税、補助金の削減

揺さぶりは続々と出てきます。どういうふうに出てくるかというと、国債の発行を3兆円削減する時に、一つは公共事業を削る。実際は2兆円ぐらいしかできませんでした。そこで残りの1兆円をどこから削るかというと、地方交付税がターゲットになってきました。

もっとも、地方交付税と補助金との関係をどうするか、きちんと論理的に何とかするという話なのか、それともまたまた思い付きなのか、今のところ混沌としてます。

もちろん地方交付税の削減に関しては先程の道路特定財源と同じように、自治体の方が一斉反撃です。「地方交付税削減反対」です。

それから補助金の削減に対しても総反対でして、これも非常に強い抵抗です。補助金の削減の仕方も個別じゃなくてシステムときてますから、これはいずれ特殊法人から削るとか、地方交付税から削るとか、補助金を軒並み上から削っていくということをいろいろ考えているらしいんですが、いずれにしても、来年から何かが具体化していきます。自治体の方も直接影響してくる。

道路の事業ができないとか、区画整理ができないということになる。一般財源が削られるから、当然皆さんの給料まで影響する、首切りまで影響してくるようなことになるのではないかというのが小泉さんのいわゆる「聖域なき構造改革」ということの意味になります。

要するに小泉さんが何となく「聖域なき構造改革」と言っていることの意味を公共事業に引きつけて、一つずつ置き換えて、かつシステム的に理解すると、日本の真っ正面の病気と向き合う政策であるということです。財政の方をもう一度みておきましょう。

過去の歴史的経験と現在の各国と比較しましても空前絶後の危機です。一番財政危機だったのは先進資本主義国ではイタリアとなってますが、イタリアは最悪の状態でも120%でした。この間、EUに加盟するため、80%に縮減しておりまして、EUに参加しております。

毎年度の借金も抑えておりまして、加盟条件をクリアしましたが、日本の借金はそのイタリアをはるかに越えるということですね。もうひとつ歴史的に見ますと日本は戦前、財政危機に陥ったことがありまして、1944年が最悪で、1945年には破産しました。現在はそれより悪い。日本が敗戦する段階の財政構造よりもはるかにひどい状況です。

そこで、冒頭申し上げた、小泉さんをどうみるかという論点に戻ってみましょう。小泉改革はこういうバックグラウンドで出されている。それに対して単に右よりだから駄目とかいいとかというようなことでよいのでしょうか。国民一人一人がどうするかということを本気に具体的に考えないと、日本はもう危ない。

II　ポスト公共事業社会の到来

1　どのような設計図を書くのか

それでは自治体側から見て、「自治体がどうなるか」に話を進めていきたいと思います。

先程言いましたように、小泉改革は密接に自治体にも関係しております。公共事業債一般の削減はそういう自治体にとって問題もありますが、いよいよ地方交付税まで削減の対象になって来ているというのは、自治体から見ると大変なことじゃないかと思います。

とりわけ北海道は、過疎地域に指定されているところが多く、地図の上で色分けして、過疎地域を赤で塗りますと真っ赤になります。

多くのところが自己財源が１０％以下というような状態で、交付税補助金を削減されると単に事業ができないというのではなくて、仕事をする職員も維持できない。そこまで響いてくるし、そのようなことがだんだんとリアルになってくるんだろうと思います。

一　依然変わらない自治体「陳情」政治

問題は、それに対して、ただ「見直し反対」とか「削減反対」と言っていれば問題が解決するのかということです。少なくとも外側から見ている限り、自治体側が反対しか言えないところに実は本当の危機があるのではないかというのが私の感想なのです。

霞ヶ関の近くにいて概算要求や暮れの自治体の陳情風景を見ることがあります。しかし道路特定財源や地方交付税の削減に対する自治体の反応を見てますと、大きく欠落している部分があると感じざるを得ません。また1990年代後半から取り組んできた「分権」とか「自治」とかというのがどこへ行ったのだろうかと強く感じます。

つまり、「道路特定財源反対」にしろ「地方交付税削減反対」にしろ、まず国という宝の山があって、ここに一生懸命「陳情」して、他の自治体よりも少しでも多く早くお金を持ってくることが依然として地方自治体の政治だと考えているのかなとうかがえるシーンが極めて多い。とりわけ地方分権改革の後も以前にも増してこういう風景がますます増えてきていることについてある種の困惑を感じております。

客観的に言って、私はこの改革はすべて正しいと思っております。

公共事業はＧＤＰの２％にすべきだと思いますし、２００２年から１０％削らなくてはいけないと思いますし、道路特定財源は一般財源にしなくてはいけないと思いますし、地方交付税もカットしなければなりません。特殊法人は民営化しなくてはいけないし、長期計画は廃止しなくてはいけない、というのが私の意見です。

この意見と自治体の要求がだいぶズレてきて、あるいは敵対関係になっている。このような小泉改革と自治体が敵対関係になっているのをどうブレイクしたらいいかというのが「ポスト公共事業社会」の設計をみんなで考えようということを言っている理由なのです。

これをしなければ日本は本当にお陀仏する。これを改革していかない限り２１世紀初頭の日本を築く唯一の光明も見えてこない。もしこれを棚上げしてしまったら、もうそれはホスピスを何年か続けるかということにしかならない。これをやることによって、日本ははじめて上昇の軌道が見えてくる。

だから待った無しだし、共産党政権でも自由党政権でも民主党政権でも、小泉さんでなくても誰が総理大臣になってもこれをやらざるを得ない。

ポスト公共事業社会の設計図をより深化するために、少し痛みを覚悟でこの改革をさらに進めなくてはいけないというのが私の立場です。

二　公共事業の「質を変える」

端的に幾つか申し上げまして、具体的にこういう形になりますということを申し上げたいと思います。

一つは先程言いましたように、公共事業費用はだいたい４０兆円です。単純に見ますと小泉さんが言っている１０％削減というのは一般会計の１０％削減でして、その他の3、４０兆円ある財政投融資はどうするかまだ全然分からない。特殊法人の改革はどんどんすればいいのですが、とにかく４０兆円から限りなく減っていきます。３０兆、２０兆、これも歴史の方向だろうと思います。

この過程で小泉改革がまだ言ってないことの一点は、公共事業の質を変えるということについてです。小泉改革は、量的削減とか道路公団の改革とか言っていますが、そもそもその質をどう変えていくかに関する具体的な提言はしていない。官僚の中に知恵者がいないというのはそういうことではないかと思いますね。

「質を変える」ということを同時並行でやっていく。その「質を変える」中で公共事業改革に伴う失業、不景気、倒産等々の痛みを乗り越える新しい需要を作っていく必要があるのです。

公共事業は、国の直轄事業、補助事業、自治体の単独事業という3つの種類に分かれておりますが、「質を変える」には、この構図を変える必要があると私は思います。

2 「公共事業の質転換」を実現するためにどうしたらよいか

一 「国営事業」と「市民事業」の二分類

まず公共事業に関して、補助事業をカットします。今おそらく2割ぐらいが国の直轄事業です。補助事業が4割ぐらい。自治体の単独事業が4割ぐらいと思いますが、補助事業をカットして、はっきりと国の公共事業と自治体の公共事業に分ける形にしたいと思ってます。

国の事業を「国営事業」、そして都道府県プラス市町村の事業を「市民事業」と名付けたい。これは「時のアセスメント」のようなもうちょっと格好いい言葉をぜひ皆さんに公募してもいいと思いますが、とにかく2つに分けたいと思ってます。

① 国営事業とは？

「国営事業」というのはどういうものかと言いますと、例えば空港でいうと成田、関空、あるいは羽田など、国際的な関係のあるもの、道路でいきますといわゆる2桁国道、1号からナンバー58まで。港などもそれぞれ国際的に開かれた中核的なものというふうにして、事業を限定する。将来は、今の2割とか言われているよりさらに低くしていき、国営事業は1割ぐらいにする。後は全て自治体の新事業にします。補助金はカットします。これまでの補助金部分はそのまま自治体の費用にするということです。

国営事業についていうと、成田の空港を国際的機能から見て羽田に移すかどうかがいつも問題になっているんですが、あれはいいか悪いかは別にして国営事業です。しかしあと何が何でも国でやらなくてはいけないなんていうようなものがあるんだろうかと思ってます。国営事業というのは限定されて、主として今後の事業はメンテナンスみたいなものが主になっていく。一方の市民事業である事業ですが、都道府県と市町村の公共事業をどのように配分するかは、いろんな構想があります。これはちょっと置きましょう。この事業は国営事業と異なって山ほどあると私は思っています。

公共事業の数え方というのは難しいらしいんですが、数で言いますと5万件とも7万件とも言われておりまして、そのうちの数千件ぐらいは国営事業で、後はもう補助事業も含めまして「市民事業」になるということです。

先程の改革の延長上で、国が行うものと、自治体が行うものをはっきりと区別して、自治体がいつも陳情にいくような、ああいう補助事業はやめようというのが二分割案ですね。

② 市民事業とは？

「市民事業」について少しお話をさせていただきたいと思います。これがポスト公共事業社会と結び付く。

事業主体は原則として市町村です。複数県にまたがる事業とか非常に重要な観点から行うべきものについては都道府県の事業にする。市民事業の都道府県と市町村の区別が重要であると思ってます。

③「お金はいっぱいある」というイメージ

まずイメージを言いますと、お金は皆さんの想像以上にたくさんあると思ってください。

先程からずっと６６６兆円の借金で、３００兆円の借金で毎年３０兆円の国債というような話をしてきましたが、これを聞くと本当に暗いイメージになってきます。いまにも倒産しそうで、お金など全くないといった気持になります。しかし実は事実はそうではありません。

現在の公共事業を前提にして８０％がもし市民事業になるとすると約３０兆円ある。４０兆円の８０％ぐらいを市民事業にすると３０兆円を超える金があるということです。これは１０％減ったって２７兆円になる。これを市民が自由に使えるという発想に立ったら、目の前が豊かになる。そのように考える。

これまでもそれを全部使ってきたんですが、縦割り事業で細分化して、奴隷扱いで「これを使え」と言われるような金でした。ですから全くありがたくないんです。しかし自分の責任で自由にこれを使えるというようになると、意識も変わります。これは都道府県にとって莫大な金です。おそらく東京都の全予算でも7兆円ぐらいですか、北海道の全予算でも2兆円ぐらいでしょうか。全国で30兆円なんていったらかなり巨大なお金です。公共事業だけでこれぐらいあるんです。これを原資にして考えていこうというのが第1です。お金はあるということです。

二　公共事業概念の転換

2番目は公共事業の概念を、従来の土木公共事業ではなくて、自治体が行う全ての事業とまず考える。全事業ですからこの中には教育も農業も福祉もある。市民のサービスになるための事業というふうにすると「教育」も「農業」も「福祉」もターゲットになる。公共事業だけで30兆円になって、今までと同じ構図を教育とか福祉とかに広げていくと40兆円、50兆円が自分達の使える金になる。

つまり金はたくさんあってフリーに何十兆円お金を使っていいですよということを2番目にイ

メージしてください。

三　優先順位を自分たちで決める

3番目は、どれを優先するかを全部自分で決めていく。農業を優先するか、福祉を優先するか、あるいはいわゆる土木を充実するか、土木の中でも河川をやるか道路を広げるか、橋を架けるか、全部自分たちで決めていくというふうにすると、これまでのような土建的な公共事業なんてほとんど必要ないといっていいぐらいだ。あるとすれば下水道ですが、下水道も今のような国土交通省系統とか厚生省系統とかではなく、もっと小さな小回りのきく下水道システムにすると莫大な金はいらない。実はほとんど土木事業はいらない。もう空港も港湾も整備新幹線もいらない。非常に小さなお金しかはいりません。

縦割り行政のもとで事業を区分けをして、地域格差是正という名の下で個別利権を拡大していくと、もう無限大飛行場、無限大整備新幹線になります。

まず生活があって、そこから直そうと思うとお金はそんなに使う必要がない。自分達の町を「教育の町」にするか、「福祉の町」にするか、「農村の町」にするか。１０億円ある時に、農業に２億円、県道と学校に２億円、福祉に何億円と配分するのか。それとも１０億円全部を教育あるいは農業、あるいは福祉にかけるかを自由に選択してよろしいとなると、地域ごとに非常に個性がはっきりしてくるということです。それを自分達の責任で選ぼうということです。

四　地元への経済波及効果

実はこれまでは整備新幹線とか高速道路を受注するゼネコンは全部東京で、地元の企業は付帯関連事業だけでした。しかし自分たちで選んで、市民事業をしますと地元の企業が受注できます。小さくしてさらに特化しますと特化した事業体がその地域に生まれてくるということです。

これは経済波及効果があるし、特に福祉などは非常に要望の強いものと思いますので、これなどを思い切ってすると人口移動も起きるかもしれない、つまりここは非常に福祉が手厚いのでそちらに移ろうかというようなことも有り得るかもしれない。ホームヘルパーなども、思い切って自治体でヘルパーさんの費用を負担する、あるいはボランティアプラス給料みたいなことで、いろいろな人達を参加させたり、いろんな形態を考える。そうしていけば、直接個人の収入になりますので、これもかなり地域経済に役立つと私は思ってます。地域産業を考えながらお金を自由に使うというシステムにしたい。

五 「市民事業」としての都市計画事業

5番目はこれをシステム化したいということです。去年私はヨーロッパで公共事業を見てきまして、幾つか日本と非常に違うことが分かってきました。イギリスなどは国家的プロジェクトを除き公共事業というのはほとんどを国・自治体ではやらないということでして、ほとんど民営でやってます。自治体でやる場合も、都市計画として事業をやるということがものすごく強くなってきています。

市民事業を、都市計画事業としてやっているということを強く感じました。都市計画事業ということはどういうことかと言いますと、事業のやり方をシステム化するということです。事業をマスタープランに書く、マスタープランの策定には市民参加をさせるということです。市民事業を都市計画として考えるということは、マスタープランに事業を全部書き入れるということです。それを議会で議決する。

その結果、それは法的拘束力をもつようになる。そして事業が執行される。さらにその結果は市民を入れた第三者委員会ですべて点検・評価される。そして、そこでの意見は、マスタープランや議会の審議に影響していくというものです。

要するに従来の公共事業の一番の欠点は、「公共」といいながら、中身は全部官僚がつくっていたことにある。全国総合開発計画も、１６本の中長期計画も作ったのは官僚でしたし、決定するのも、予算を付けるのも官僚でした。

「国営事業」と「市民事業」に分けることの最大の論点は、公共事業の「公共」を市民のものにする。つまり、主体を国から市民に変えるということです。

具体的にどういうことかと言いますと、まずここは市街地です、市街地調整区域です、農地ですということで土地利用規制をする。

それまでに具体的に、この農業用地については何と何をするということを書くのです。その事業について、例えば担当者は誰である、費用はいくらかかり、そのうち今年は何に使うということがはっきりする。

まあニセコ町の予算書は全国的に非常に有名ですが、ああいうことを全国でやろうということです。そのことを市民参加で決めて、議会で審議します。つまり市民参加でいきますと公共事業にお金が絡んできますと利害が複雑になりますので、調整機構としての議会が必要で、議会でそのマスタープランを審議する。この公共事業を1年間やってみて、事業がうまくいっているかいないかを絶えず点検して、その結果をまたマスタープランに返していく。このようにして事業を市民のものにしていくというシステムを考えたいということです。

今までは少なくとも、国の立場からは、全国総合土地開発計画を作るのも、１６本の中長期計画を作るのも、予算を作るのも、補助金を配るのも官僚です。地元の立場からは選出国会議員の支援者である市町村の首長さんなりが省庁に行って上から貰ってくる。

実際は、こっちは農水予算、こっちは何とかかと、必ず細分化している。しかし小泉内閣の下でも、あまり細分化しないで何とか総合化できないか、というのが精一杯です。しかし市民事業では、これががらりと変わって、自分たちの町づくりの目標と事業の配分は自分たちの中で自由に決められるということになっていきます。

六　市民事業によって出てくるものは

ヨーロッパはこれを実践しています。オーストリアのウイーンでは河川事業を都市計画事業でやっていました。今まで公共事業というのは国のものとか、少なくとも自治体の偉いさんが行くものでしたが、市民化したことによって質が変わってきました。あそこには有名な川があるんですが、コンクリートを全部はがしまして、普通の川に戻すということを市民事業としてやっておりました。多分こういうことをやっていきますと事業が非常に市民化して自分達のものになってくるということです。こうした方法を延長させていくと幾つか今までにない特徴が出てくる。これが質の変化です。

① 自然回復産業

その一つは環境回復が一つの産業になるだろうということです。多分市民に近付けば近付くほど「コンクリートの川は何とかしろ」ということになる。世界的にそうです。

日本でも山形県で幾つか聞いてみたところ、まさにそういう要求がありました。コンクリートをはがして国土交通省が行っている「近自然」、これは自然に近付ける。「多自然」は自然を多くする。要するにコンクリートをはがしてどこからか石を取ってきて石をまたくっつける。

ドイツの場合には「再自然」と言ってますが、これは近自然とか多自然とかとは全く異なるコンクリートをはがすだけでなく水をあふれさせる。川を自然のまま蛇行させている。こういう目標が本当の国民のニーズで、しかもこれは本格的にいろんな知恵のいる産業として定着していくのではないかなと思います。

どこかの市町村長さんが、田圃の畔道でいいから、歩道整備で真っ直ぐになったコンクリートをはがして、堤防をちょっと低くして、一部穴を開けてみる。自然に蛇行するところのままにしてみる。そうすると本当の自然が戻ってくる。、あるいは今減反で米を作れないところを無理して作らないで、市民に自由に使ってよろしいというようにする。できれば川が蛇行する流れの両脇を全部減反地を譲っていただいて、自然に流れるままに一つやってみると、何と川というのは素晴らしいものかということが分かってくるでしょう。

ちょっとしたことでも全く自然の風景が変わってくるじゃありませんか。市町村でできるようなところをつくって一つぐらいそういう形でやってみたらどうでしょうかと言っているのです。これをもっと大々的にしますとかなり大きな雇用が望めるものになる。植林事業というものもある。北海道もこれを絶対やったらいいと思っているのですが、そういうのがあります。

ちなみに長野県では脱ダム宣言をしまして9つのダムを止めましたが、その代わり今年度から大々的に山の再生、あそこは落葉松が60%ありました。これは保水力がなくて、雨が降る度に早くひっくり返るような木なんです。そこでボランティアとか中山間地域の人達を入れて、一大事業として山を再生しようというふうに言っております。小さな小川や山から始まって、それを広げていく。海のテトラポットなども具合が悪い。これを取り壊してしまおうということが当然出てくるはずだし、これも事業として面白いということを申し上げます。まず第1に自然回復産業が必ず大きな産業になるというのが一つです。

② 福祉産業

2番目にはもちろん福祉がもうちょっとビジネス化していいと私は思ってます。私自身は従来の措置制度から今回の契約の介護制度に変わったことは大変進歩だと思いますが、もうちょっと自由に各市町村で福祉の競争をしたらいいと思ってます。またやや画一化し始めたかなと思うんですが、福祉などもある種のニュービジネスになる可能性がある。

③ エネルギー

それからエネルギーがあります。多分そのうち原発が世界中で行き詰まってきます。北海道でも私の出身地の山形でも、少しづつ風力による発電が増えてきてます。バイオマスなどを加えますと、これもかなり新戦力になるかもしれない。もちろん今の電力のシステムとかを相当変えなくてはいけないところもありますが、そういうのもあるのではないかというふうに思います。

今までは、大きな橋を架けること、大きな鉄道を走らせること、大きなダムを作ることを産業と書いてきたんだけれども、自分達で決めて何が本当に自分達に必要かという観点に立つと、意外と身近なところに新しい産業、ビジネスがある。それをやることであっと目を覚ますというようなことも有り得るのではないかなと思ってます。そういう「市民事業」も原資がないとできませんが、今まで道路や橋の整備で、あまり役に立たないところに使っていたお金がたくさんあるというイメージで、各市町村にとって十分のお金が全体的にありますよということを強調したい。

3　自治体改革と国家崩壊のスピード競争

一　こういう国家にした私たちの責任

しかしそれにしても2つぐらい分からないところがあります。どういうことかというと、先程の666兆円と300兆円が現実に返さなくてはいけない借金だとしますと、50兆円しか収入がないわけですから、やがてほとんどの収入は公共事業にも回せなくなり、借金返済のためにだけ予算も使われるという事が起こる可能性があるということです。これが国家崩壊というものですが、それとこの自治体改革のスピードのどっちが勝つかという競争になるというのが一つです。

その時に重要なのは、私たち国民がこれまでお話ししてきたような改革を本当に必要だと考えるか否かということです。これは私の自己批判も含めて思うのです。こういう国家にした責任は誰にあるのかということを真剣に考えなければならない。そうすると私も皆さんもやはりどこかに責任がある。ということがわかる。

今までは、私は絶えず敵というのは外にいると思っていた。しかし、今は、私の同級生が国会議員であったり、どっかの重役であったり、年代的に局長であったりして、やはり日本全体にこの世代は責任があるんだと実は思っているんです。

皆さんもそれ程年寄りではないでしょうが、こういう国にしたのは何も小渕さんだけじゃありませんし、官僚だけでも企業だけでもない。やはり皆に責任があるんだということを本当は自覚しなくてはいけないと思うんです。

つい最近の選挙などを見てても、小泉さんとか慎太郎さんとか、田中さんなりにワーッと熱狂的に支持を与えはするけれども、その結果については、実は自分にも責任があるんですよということに本当に気付いているのかどうか、ここが非常に難しいんだと実は思います。

もっと別な言い方をすると、外国のメディアが、日本のメディアは書きませんが、何でこれだけのことがあっても、国会周辺が随分静かなんだと聞きます。どんなことがおきても皆ニコニコして皆穏やかで、静かに暮らしている、日本人は怒りとかそういうものが全くない。アメリカではいろんな運動があって、G7でも、デモに囲まれて「アメリカのグローバリズム反対」とか言われている。ドイツでも「原発反対」とかなり激しいデモがあるんだけれども、日本の場合には全くそんなことがおこらない。静かにシーと行方を見ているという感じだった。これはある意味でいうと自分に責任を取らない、人のせいにしているということの証拠ではないか、ということを言ってました。

このような思いを共有しています。だから自治体の自己改革と国家の崩壊のスピードはどっちが勝つかということをここにいる世代が早く気がつくかどうか、あるいは行動するかどうかにかかわっているのではないかというふうに思います。

4　合併は何のために行うのか

最後に、自治体の命運を決定するものとして「合併」の問題について少し話させていただきたいと思います。

先程、私は自治体が、財政危機、その他いろんな危機があるにもかかわらず、相変わらず霞ヶ関に陳情を繰り返している、そのことに危機を感じていると言いましたが、もう一つ危機を感じる。それは合併に関しまして、全くおとなしい羊になり始めているということについてです。

先程、公共事業法に関しては一律に10％カットする方法をとっていると言いましたが、地方交付税についてはそういう形にはしない。

つまり、地方交付税の削減は単に金がなくなってきているから行うというのではなく、それをテコとしてはっきりと国家の戦略がつくられる。つまり地方交付税削減はある種のシナリオに基づいて実施されるだろうというふうに思ってます。

どういうことかというと、合併にひっかけまして、合併を促進する自治体に対しては従来より多く、合併しない自治体に対しては２割カットというふうな形で、極端な差を付けて地方交付税を運用する可能性があるということです。現に最近の総務省も２００５年までにコントラストをはっきりさせるような方針で合併を上から強制するという形になってきております。

これに対する自治体の対応は、私、山形県と熊本県と四国でこの件について検討してみましたが、いかにも脳天気だということがわかった。

つまり自治体は一方で「道路特定財源見直し反対」、「地方交付税削減反対」と言いながら、他方というか、本心では「合併で何とかすればいい」というふうに思っているということがはっきり見えてきたのです。

つまり自治体が駄目になったら最終的には総務省の合併に乗っかっていけば借金は棒引きされるし、得をすると考えているのがはっきりと目に見えるようになっています。

一方合併しない側はほとんど自治体としてやっていけない。自己財源が少ない上に補助事業も減らされる。その上、地方交付税がカットされると自分達の給料すら払えないような地獄においい込まれる。このようにはっきりとコントラストを付けて交付税を使ってくるのではないか。

総務省の戦略によりますと、現在ある3300の自治体を1000、3分の1にして、いずれ道州制とか連邦制とかの方向にもって行くというのです。これもいずれ小泉改革と連動して、非常に色濃く出てくると思われます。皆さんのところもそういう話がぼちぼち聞こえているはずです。

自治体はこれに対しては私の知っている限りではあまりにも警戒心がない。つまり自己自身の問題としてではなくて、単なる財政、予算、あるいは全般の空気を見て合併した方が楽だから合併するというような感じになっています。1990年代後半からやってきている「自治」とか「分権」とか、「参加」とか「自己責任」とかにつながる言葉がほとんど聞こえない。

要するにどっちが得かの計算をどんどんし始めて、一方でただ陳情し、一方で合併の方に行ってしまおうと、そうしたら財政危機はないということになってきているのではないかなと思います。これは市民事業の思想とは対極にあるものです。

重要なことは、今の私たちの世代が危機感を共有し、これまでのシステムや行動様式を解体して新しい思想とかシステムを構築しないと、丸ごと日本は沈没してしまう。そこに来ているのではないかというのが私の今日の感想と問題提起です。

（本稿は、二〇〇一年九月十五日、北海道大学工学研究科・工学部「B２１大講義室」で開催された地方自治土曜講座での講義記録に一部補筆したものです。）

刊行のことば

「時代の転換期には学習熱が大いに高まる」といわれています。今から百年前、自由民権運動の時代、福島県の石陽館など全国各地にいわゆる学習結社がつくられ、国会開設運動へと向かう時代の大きな流れを形成しました。学習を通じて若者が既成のものの考え方やパラダイムを疑い、革新することで時代の転換が進んだのです。

そして今、全国各地の地域、自治体で、心の奥深いところから、何か勉強しなければならない、勉強する必要があるという意識が高まってきています。

北海道の百八十の町村、過疎が非常に進行していく町村の方々が、とかく絶望的になりがちな中で、自分たちの未来を見据えて、自分たちの町をどうつくり上げていくかを学ぼうと、この「地方自治土曜講座」を企画いたしました。

この講座は、当初の予想を大幅に超える三百数十名の自治体職員等が参加するという、学習への熱気の中で開かれています。この企画が自治体職員の心にこだまし、これだけの参加になった。これは、事件ではないか、時代の大きな改革の兆しが現実となりはじめた象徴的な出来事ではないかと思われます。

現在の日本国憲法は、自治体をローカル・ガバメントと規定しています。しかし、この五十年間、明治の時代と同じように行政システムや財政の流れは、中央に権力、権限を集中し、都道府県を通じて地方を支配、指導するという流れが続いておりました。まさに「憲法は変われど、行政の流れ変わらず」でした。しかし、今、時代は大きく転換しつつあります。そして時代転換を支える新しい理論、新しい「政府」概念、従来の中央、地方に替わる新しい政府間関係理論の構築が求められています。

この講座は知識を講師から習得する場ではありません。ものの見方、考え方を自分なりに受け止めてもらう。そして是非、自分自身で地域再生の自治体理論を獲得していただく、そのような機会になれば大変有り難いと思っています。

「地方自治土曜講座」実行委員長
北海道大学法学部教授　森　啓

（一九九五年六月三日「地方自治土曜講座」開講挨拶より）

著者紹介

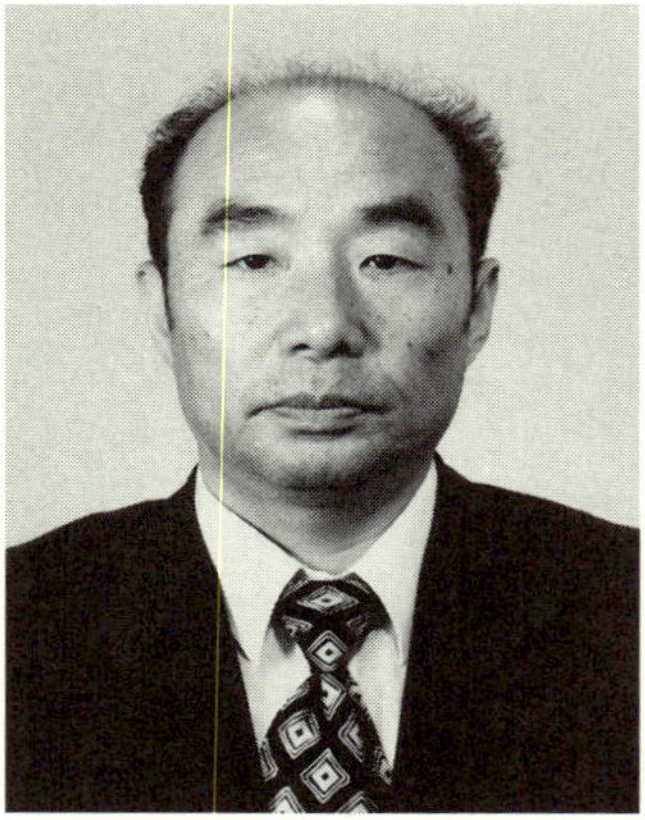

五十嵐　敬喜（いがらし・たかよし）

法政大学法学部教授

一九四四年山形県生まれ。一九六六年早稲田大学法学部卒業。一九六八年弁護士登録（東京弁護士会）。早稲田大学社会学部非常勤講師等を経て一九九五年から法政大学法学部教授。現在に至る。

主な著書　「現代都市法の生成」（三省堂・一九八〇年　第七回藤田賞受賞）。「都市法」（ぎょうせい・一九八七年　昭和六二年度都市計画学会石川賞受賞）。

共著書　「都市計画―利権の構図を越えて」（岩波新書・一九九三年）。「公共事業をどうするか」（同・一九九七年）「図解公共事業のしくみ」（東洋経済新報社・一九九九年）。「公共事業は止まるか」（岩波新書・二〇〇一年）　等多数。

地方自治土曜講座ブックレット No.　７８

ポスト公共事業社会と自治体政策

２００２年5月２０日　初版発行　　　定価（本体８００円＋税）

著　者　　五十嵐敬喜

企　画　　北海道町村会企画調査部

発行人　　武内　英晴

発行所　　公人の友社

〒112-0002　東京都文京区小石川５－２６－８

ＴＥＬ０３－３８１１－５７０１

ＦＡＸ０３－３８１１－５７９５

振替　００１４０－９－３７７７３

「地方自治土曜講座ブックレット」（平成７年度～12年度）

	書名	著者	本体価格
	《平成7年度》		
1	現代自治の条件と課題	神原　勝	九〇〇円
2	自治体の政策研究	森　啓	六〇〇円
3	現代政治と地方分権	山口　二郎	（品切れ）
4	行政手続と市民参加	畠山　武道	（品切れ）
5	成熟型社会の地方自治像	間島　正秀	五〇〇円
6	自治体法務とは何か	木佐　茂男	六〇〇円
7	自治と参加　アメリカの事例から	佐藤　克廣	（品切れ）
8	政策開発の現場から	小林　勝彦 大石　和也 川村　喜芳	（品切れ）
	《平成8年度》		
9	まちづくり・国づくり	五十嵐広三 西尾　六七	五〇〇円
10	自治体デモクラシーと政策形成	山口　二郎	五〇〇円
11	自治体理論とは何か	森　啓	六〇〇円
12	池田サマーセミナーから	間島　正秀 福士　明 田口　晃	五〇〇円
13	憲法と地方自治	中村　睦男 佐藤　克廣	五〇〇円
14	まちづくりの現場から	斎藤　外一 宮嶋　望	五〇〇円
15	環境問題と当事者	畠山　武道 相内　俊一	五〇〇円
16	情報化時代とまちづくり	千葉　純 笹谷　幸一	（品切れ）
17	市民自治の制度開発	神原　勝	五〇〇円
	《平成9年度》		
18	行政の文化化	森　啓	六〇〇円
19	政策法学と条例	阿倍　泰隆	六〇〇円
20	政策法務と自治体	岡田　行雄	六〇〇円
21	分権時代の自治体経営	北　良治 佐藤　克廣 大久保尚孝	六〇〇円
22	地方分権推進委員会勧告とこれからの地方自治	西尾　勝	五〇〇円
23	産業廃棄物と法	畠山　武道	六〇〇円
25	自治体の施策原価と事業別予算	小口　進一	六〇〇円
26	地方分権と地方財政	横山　純一	六〇〇円
27	比較してみる地方自治	田口　晃 山口　二郎	六〇〇円

「地方自治土曜講座ブックレット」（平成7年度～12年度）

	書名	著者	本体価格
	《平成10年度》		
28	議会改革とまちづくり	森　啓	四〇〇円
29	自治の課題とこれから	逢坂　誠二	四〇〇円
30	内発的発展による地域産業の振興	保母　武彦	六〇〇円
31	地域の産業をどう育てるか	金井　一頼	六〇〇円
32	金融改革と地方自治体	宮脇　淳	六〇〇円
33	ローカルデモクラシーの統治能力	山口　二郎	四〇〇円
34	政策立案過程への「戦略計画」手法の導入	佐藤　克廣	五〇〇円
35	’98サマーセミナーから「変革の時」の自治を考える	神原昭子 磯田憲一 大和田建太郎	六〇〇円
36	地方自治のシステム改革	辻山　幸宣	四〇〇円
37	分権時代の政策法務	礒崎　初仁	六〇〇円
38	地方分権と法解釈の自治	兼子　仁	四〇〇円
39	市民的自治思想の基礎	今井　弘道	五〇〇円
40	自治基本条例への展望	辻道　雅宣	五〇〇円
41	少子高齢社会と自治体の福祉法務	加藤　良重	四〇〇円
	《平成11年度》		
42	改革の主体は現場にあり	山田孝夫	九〇〇円
43	自治と分権の政治学	鳴海正泰	一、一〇〇円
44	公共政策と住民参加	宮本憲一	一、一〇〇円
45	農業を基軸としたまちづくり	小林康雄	八〇〇円
46	これからの北海道農業とまちづくり	篠田久雄	八〇〇円
47	自治の中に自治を求めて	佐藤　守	一、〇〇〇円
48	介護保険は何を変えるのか	池田省三	一、一〇〇円
49	介護保険と広域連合	大西幸雄	一、〇〇〇円
50	自治体職員の政策水準	森　啓	一、一〇〇円
51	分権型社会と条例づくり	篠原　一	一、〇〇〇円
52	自治体における政策評価の課題	佐藤克廣	一、〇〇〇円
53	小さな町の議員と自治体	室崎正之	九〇〇円
54	地方自治を実現するために法が果たすべきこと	木佐茂男	［未刊］
55	改正地方自治法とアカウンタビリティ	鈴木庸夫	一、二〇〇円
56	財政運営と公会計制度	宮脇　淳	一、一〇〇円
57	自治体職員の意識改革を如何にして進めるか	林　嘉男	一、〇〇〇円

「地方自治土曜講座ブックレット」（平成７年度～12年度）

《平成12年度》

	書名	著者	本体価格
58	北海道の地域特性と道州制の展望	神原　勝	［未刊］
59	環境自治体とＩＳＯ	畠山　武道	七〇〇円
60	転型期自治体の発想と手法	松下　圭一	九〇〇円
61	分権の可能性 ―スコットランドと北海道	山口　二郎	六〇〇円
62	機能重視型政策の分析過程と財務情報	宮脇　淳	八〇〇円
63	自治体の広域連携	佐藤　克廣	九〇〇円
64	分権時代における地域経営	見野　全	七〇〇円
65	町村合併は住民自治の区域の変更である。	森　啓	八〇〇円
66	自治体学のすすめ	田村　明	九〇〇円
67	市民・行政・議会のパートナーシップを目指して	松山　哲男	七〇〇円
68	アメリカン・デモクラシーと地方分権	古矢　旬	［未刊］
69	新地方自治法と自治体の自立	井川　博	九〇〇円
70	分権型社会の地方財政	神野　直彦	一、〇〇〇円
71	自然と共生した町づくり 宮崎県・綾町	森山喜代香	七〇〇円
72	情報共有と自治体改革 ニセコ町からの報告	片山　健也	一、〇〇〇円